Design Wisdom in
Small Space
小空间设计系列 **III**

# RESTAURANTS
# 小餐馆

陈兰 编

辽宁科学技术出版社
·沈阳·

小餐馆的创意设计理念

在餐饮市场竞争日趋激烈的时代，一家拥有独特设计理念的小餐馆通常能够获得更多的关注。小餐馆空间不必过分强调奢华，将文化品位与流行理念相结合，能取得更好的效果。

### 创建鲜明的主题

明确主题既向食客传递中心思想和经营理念，又是市场和服务定位的一种

图1

图2

图3

体现。地域特色是小餐馆主题的源泉，而特有的风光景象、建筑特色、民风民俗可作为设计元素，用以清晰地呈现出小餐馆所特有的空间氛围。除此之外，时代风貌、历史文脉、环境因素等都可以成为创意十足的设计理念，这对于提升空间特质往往能够起到非常重要的作用。（图1~图3）

## 强调独特的饮食文化

如今，将独特的饮食文化融入空间设计俨然成为一种时尚。而对于食客来说，文化可以成为一种别具新意的饮食体验。不同时代、不同场所以及不同种族都有着各自的饮食文化，对其中富有意义的符号元素进行挖掘、精心设计，之后运用现代化手法进行诠释，赋予空间独特的文化内涵。（图4~图5）

## 注重体现简约个性

小餐馆空间规划最好要化繁为简。近年来，简练的美学理念给餐饮空间规划带来了一定的影响，而其也会是未来几年内的重要设计准则。高级考究的原料，如大理石、花岗岩等石材，木材及玻璃等更具现代感的环保材料，更契合现代社会对于个性化和简约性的需求。简洁的几何造型和自然

的色调也是小餐馆空间规划中首选的因素。（图6~图7）

小餐馆设计要以巧取胜。当然这可以体现在很多方面，每家小餐馆都可以具备独特的故事性，引起食客的共鸣。

图4

图5

图6

图7

"这一设计将色彩、质感和香气融合起来，在小小的空间内营造一种脱离了环境限制的疏离感，为食客营造出与众不同的美食体验。"

# Los Alexis 餐馆

**项目地点：**

墨西哥墨西哥城罗马北区

**设计时间：**

2021 年

**设计机构：**

RA! 设计公司

**摄影版权：**

RA! 设计公司、莫迪斯托·罗梅罗

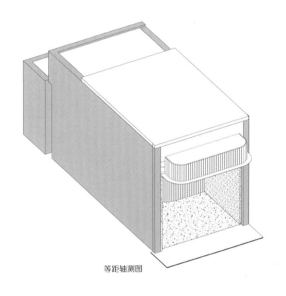

等距轴测图

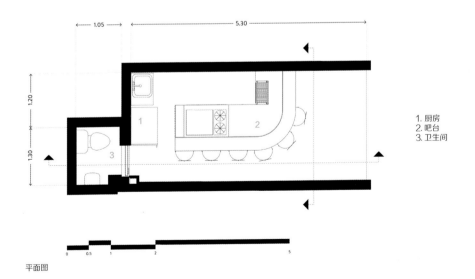

1. 厨房
2. 吧台
3. 卫生间

平面图

罗马北区位于墨西哥城内，以丰富的历史运动、文化特色、美食体验以及建筑风格著称。Los Alexis 餐馆位于恰帕斯大街上，主营两种名为"Taurinos"和"Asada"的卷饼，在空间设计上以"非传统商业风格"为理念，诠释墨西哥街头美食。

室内空间设计围绕厨房四周的拼贴马赛克展开，并使其成为核心。罗马社区特有的装饰艺术和色彩与背景形成强烈的对比，提升了空间美感。同时，设计师通过运用光线，实现了曲线和直线的变化，使整个空间布满了高级感。

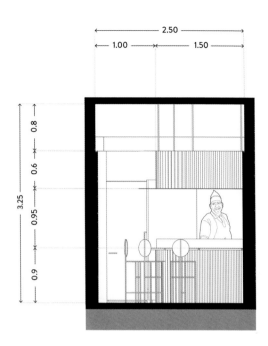

横向剖面图

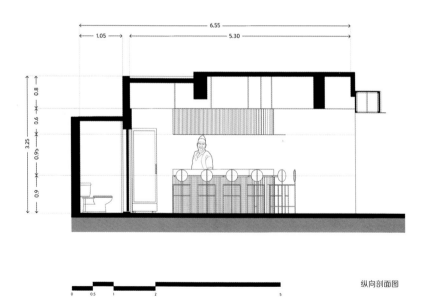

纵向剖面图

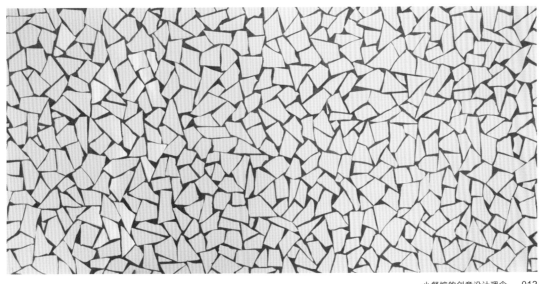

# MELOSO 餐馆

**项目地点：**

墨西哥赫霍奇米尔科

**设计时间：**

2021 年

**设计机构：**

T-UNOAUNO 设计公司、
ARQAZ 设计公司

**摄影版权：**

Zaickz 工作室

MELOSO 餐馆诞生于墨西哥 2017 年 9 月 19 日地震之后。它位于墨西哥一个小镇，这里仍然保留着西班牙殖民时期的习俗，例如一种名为"奇南帕"（chinampas）的耕种技法。该小镇是受地震影响严重的地区之一，而政府和基金会发起的重建项目无异于消除记忆、更替景观和植入外来建筑，这些项目在设计、建筑特征和居住方式上都放弃了当地原本的特色。该项目则以保持当地特色为理念。

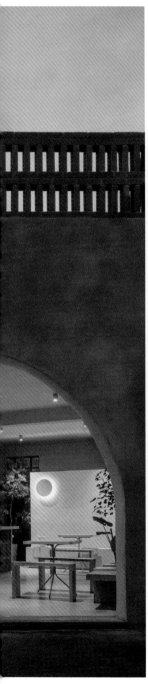

1. 吧台
2. 就餐区
3. 卫生间

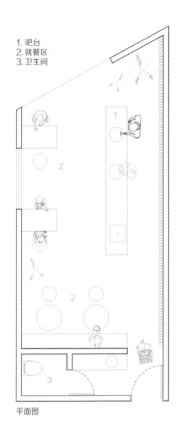

平面图

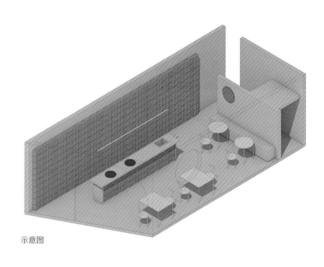

示意图

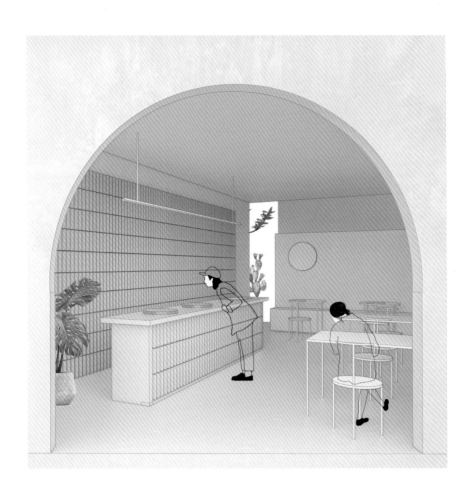

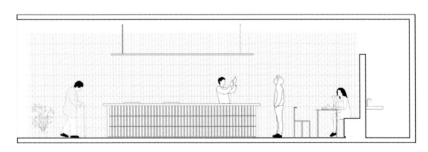

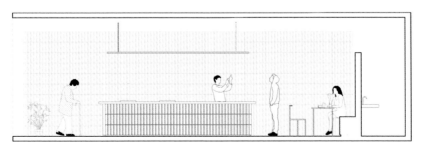

剖面图

该项目家具的设计灵感源自当地人在庆祝活动中的就座习惯，即将木板置于堆叠的隔板上。MELOSO 餐馆的设计正是源于对当地生活的反思，为此设计团队采用乡土建筑的风格，利用曾经用来填充空间的宽墙和抹灰等结构和原材料，赋予材料新的生命以及建筑元素新的可能性，使餐馆的风格既现代又永恒。这里是寻求寂静并将设计极简化的场所，对材料的反复使用构成了这个朴素的综合体。

"这是一家现代泰式餐馆，其空间设计理念是对街机游戏概念有趣而全新的诠释，品牌标识在设计中发挥了重要的作用。"

# 40.8m²

## 女婿小餐馆

**项目地点：**

澳大利亚墨尔本

**设计时间：**

2019 年

**设计机构：**

EAT 建筑师事务所

**摄影版权：**

EAT 建筑师事务所

这是一家风格迥异的泰式餐馆，秉承对传统食物进行现代诠释的理念。街机游戏的现代解读与餐馆品牌故事共生，在店面入口处便形成了鲜明的对比效果。门窗都采用熟悉且重复的拱形图案打造，顾客进入内部，会立即体验到明亮的霓虹灯和多彩的装饰所带来的冲击，这是设计师对于"新"的呈现。

1. 入口
2. 吧台
3. 座区
4. 厨房

平面图

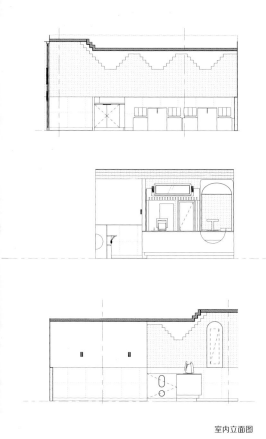

室内立面图

巧妙的设计为顾客打造沉浸式体验——特色标牌和定制细木工元素仿佛在邀请大家进入一个探索空间，当然这里非常适合拍照。整齐排布的瓷砖构成了基准网格线，而在上方，阶梯式天花造型则将座位区和厨房区分隔。餐馆的设计非常注重趣味性和惊喜感，旨在强化品牌故事。霓虹灯标牌、智能菜单板以及光滑细腻的粉色墙漆为空间注入了俏皮感；门把手、台面以及软垫长椅则给人带来惊喜。所有的颜色都是设计师精心选择的，粉红色和白色瓷砖、橙色水磨石相得益彰。

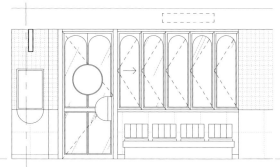

店面立面图

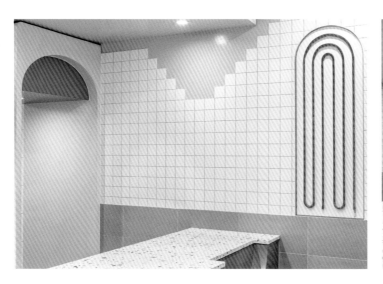

"餐馆以清新的形象和充满活力的配色为特点，吸引当地人和旅行者的光顾。"

# miya 快餐馆

**项目地点：**
意大利佛罗伦萨国家博物馆附近

**设计时间：**
2019 年

**设计机构：**
DEFERRARI+MODESTI 设计公司

**摄影版权：**
安娜·波西塔诺

miya 快餐馆坐落于佛罗伦萨历史中心区，距新圣玛利亚车站仅有几步之遥，主营东方特色美食。设计团队面临的主要挑战是时限问题，要求必须在一个月之内完工。同时，有限的预算限制了材料的选择，为此，他们赋予材料大量的色彩和图案。

设计团队采用了典型东方风格餐馆的常用元素，如陶瓷砖、木材、竹材、吊灯以及立式标牌等，并运用现代方式对其解读，打造出极具冲击力的配色方案，一改传统风格。

设计团队通过色彩赋予空间开阔感与舒适感，使餐馆成为忙碌生活的短暂休憩场所。彩色陶瓷砖是主要特色元素，覆盖空间表面，黄粉交替的配色与木材和竹材等材料完美结合，增加轻松迷人的气息，同时也格外引人注目。

吧台采用黄色陶瓷砖饰面，成为整个空间的主体。极具东方特色的立式标牌被重新诠释，成为带有图案装饰的明亮条幅，很好地凸显了东方美食的特色。

尽管空间面积有限，但设计团队依然划分出了不同的区域，如吧台周围的座位区（供食客短暂就餐及休息）和舒适的就餐区。

1. 吧台
2. 短暂就餐及休息区
3. 就餐区
4. 厨房
5. 卫生间

平面图

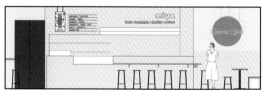

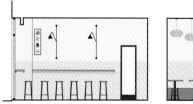 

剖面图

"建筑用于居住，艺术用于欣赏，两者之间有着本质性的区别。建筑能带来实质性的与感官性的体验，因为人们可以真实地走入建筑之中。MYRTO 餐馆是对翡翠海岸蕴含的本质的致敬。"

# MYRTO 餐馆

**项目地点：**

意大利切尔沃港

**设计时间：**

2020 年

**设计机构：**

PAR 设计公司

**摄影版权：**

西蒙·波西摄影

翡翠海岸（Costa Smeralda）是什么？它的本质又是什么？这两个问题是设计师在接触本项目时自问的。提到撒丁岛（Sardinia），人们便会联想到如被风雕塑一般的天然花岗岩。在阳光和水晶般清澈的海水的衬托下，花岗岩弯曲的表面变得愈加温暖柔和，与郁郁葱葱的地中海灌木丛相映成趣。海风宛如一把刻刀将花岗岩塑造成可以居住的建筑形态。MYRTO 餐馆的改造是一个利用建筑与其材料讲述当地故事、并向这个地区致敬的绝佳机会。在本项目中，建筑变身成为叙述故事与传播文化的载体。

室外天井被改造成室内空间，宛如一个水下洞穴。轻型百叶屋顶跟随风与光线的变化而变化，屋顶下的人们能够从百叶的缝隙中瞥见天空。

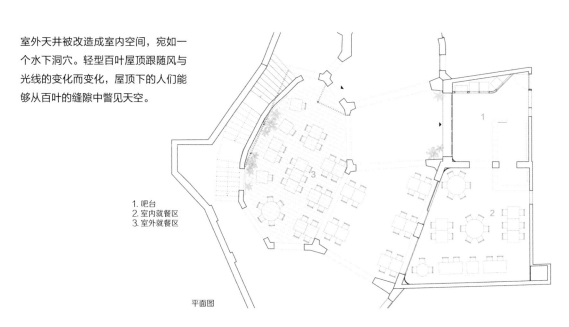

1. 吧台
2. 室内就餐区
3. 室外就餐区

平面图

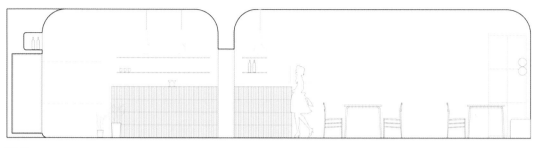

剖面图

室内空间同样呈现出洞穴的特征，蜿蜒的形态与撒丁岛大地般的色调营造出家常而亲密的氛围，让人联想到古老的地中海风情。在这些抽象、弯曲的空间中，彩色的家具与建筑体量形成对比，绿色的瓷砖营造出自然的气息，与郁郁葱葱的室外景观相互呼应。室内的色彩、材质以及家具都是专门为本项目选定与设计的，因此为餐馆赋予了一种独特的场所感。

MYRTO 餐馆已经伫立在切尔沃港（Porto Cervo）海滨长廊（Promenade du Port）九年之久，与其说是一家餐馆，它更像是一个艺术、文化与设计中心，带来令人惊喜的创新性风格与新颖体验，并将这种创新性与当地背景紧密相连。与此同时，创新性也体现在 MYRTO 餐馆的餐饮理念中，在这里，美味的比萨与高级烹饪以一种和谐、有趣且独特的方式结合在一起，产生绝妙的味觉融合。

"城市中心的广场上有一座教堂，四周围绕着居民住宅，其相同的立面极富韵律感，打造出别致的风景。Abranda 餐馆恰好位于广场的中央，与教堂面对面而立，这里成了许多美食爱好者的全新打卡地！"

# Abranda 餐馆

**项目地点：**

葡萄牙科武港庞巴尔侯爵广场

**设计时间：**

2021 年

**设计机构：**

LADO 建筑设计公司

**摄影版权：**

弗朗西斯科·诺盖拉建筑摄影

如果提到典型的葡萄牙传统渔村，那一定非科武港莫属了！有灰粉饰面的白色小屋、用鹅卵石铺设的小街以及坐落在海岸悬崖上的小广场使位于里斯本以南170千米处的这个地区成了一处绝美的场景。

餐馆由一座民房改造而来，室内平面呈矩形。设计师尊重传统建筑风格，将这里打造成一个通风、舒适且现代的空间。

具有传统特色的木结构屋顶被保留下来，天花用当地的竹子覆盖并粉刷成白色。大型的拱门结构将吧台和室内就餐区分隔开来，增添了空间的曲线美。地面全部采用定制几何形状水泥砖铺设，粉灰相间的色调赋予空间足够的活力。

整体室内风格以简约为主，白色墙面、天花与自然色元素相得益彰。此外，设计师还大量采用了石灰石、浅灰色木材、天然橡木（椅子）和柳条（灯饰）等。

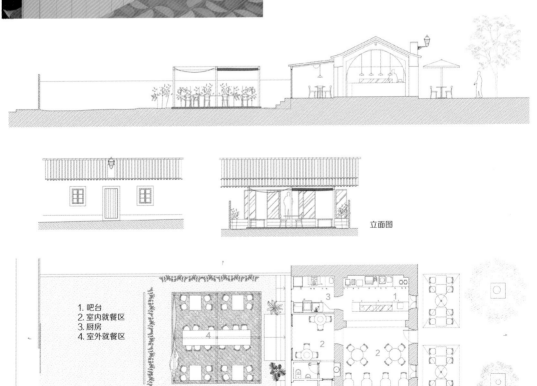

立面图

1. 吧台
2. 室内就餐区
3. 厨房
4. 室外就餐区

平面图

后院布置了一个方形的遮阳凉棚。用条形瓷砖拼接成人字形图案，木质长桌采用石材覆面，白色的金属桌椅营造出舒适的就餐环境。食客可以坐在这里一边欣赏广场上的美景，一边品味葡萄酒。

"走进富士餐馆如同置身于想象的风景中——远东的异域风情与亚速尔群岛的地方特色融合，朴素的建筑与丰盛的美食相遇。"

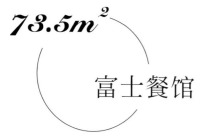

**73.5m²**

# 富士餐馆

**项目地点：**

葡萄牙圣米格尔岛蓬塔德尔加达

**设计时间：**

2021 年

**设计机构：**

Sequeira Dias 设计事务所

**摄影版权：**

Ivo Tavares 摄影工作室

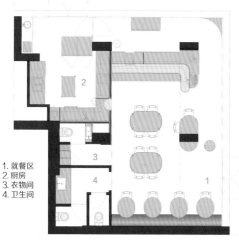

1. 就餐区
2. 厨房
3. 衣物间
4. 卫生间

平面图

餐馆室内设计的目标是运用美学手法和现代风格打造独特的体验，同时要满足功能性需求。餐馆的设计理念要与其供应的食物息息相关，为此，设计师致力于将空间打造与当地饮食文化联系在一起。

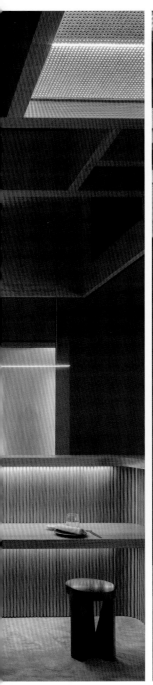

餐馆的木天花呈现出一个镂空的不均匀正交网格结构。通过矩形空隙，隐藏的 LED 照明产生多重光影效果，这也使整个空间变得生动起来。网格结构采用稻草编织而成，光线透过空隙照射下来，使其格外显眼。编织网格用作酒品陈列架以及寿司展示台，为朴素有序的空间增添十足的活力。

"这是一家集地中海传统和欧洲装饰艺术风格于一身的全新概念餐馆，旨在为家人、朋友等聚集在一起的特殊活动提供场地。当然，这类活动一直以来都与建筑空间密不可分。"

# BARBAJEAN 餐馆

**项目地点：**
马耳他丁利

**设计时间：**
2020 年

**设计机构：**
Mizzi 工作室

**摄影版权：**
布莱恩·格奇雷

BARBAJEAN 餐馆由位于街角的一处建筑改造而来，其设计理念源自周围小村落的背景环境以及欧洲装饰艺术风格小酒馆的优雅美感，深受当地住宅色彩、材料及风格的影响。丁利仍然是马耳他较受欢迎的观景地之一，享有地中海和菲尔夫拉岛的壮阔海景。设计团队的主要目标是为这里打造一个全新的休闲地标，既能彰显环境特色，又能引入新的活力。

设计团队充分借鉴了马耳他典型的建筑元素，如彩色木门、玻璃门、防护台阶以及中世纪水磨石楣梁等。原有建筑位于街角，因此设计团队打造了对称风格。三扇门之间穿插着典雅的淡粉色立面墙，与淡灰色的水磨石、宝石绿木门相得益彰。

餐馆从外到内布满了定制元素，从灯具、标牌到家具，营造出独一无二的就餐氛围，并让人情不自禁地想起欧洲装饰艺术风格的小酒馆。三个细长高大的拱形造型结构在霓虹灯的照射下和粉色水磨石的渲染下格外引人注目，同时也与吧台翠绿色的木元素相得益彰。定制的黄铜管高脚凳沿吧台摆放，天鹅绒内饰和绿色木凹槽相互呼应。

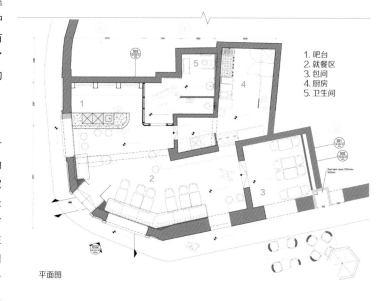

1. 吧台
2. 就餐区
3. 包间
4. 厨房
5. 卫生间

平面图

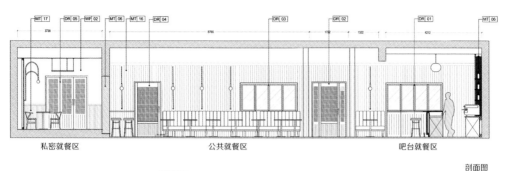

私密就餐区  公共就餐区  吧台就餐区

剖面图

空调排风

吧台  服务台  私密就餐区

剖面图

空调排风

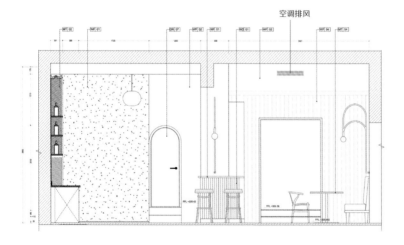

剖面图

一条长长的公共坐凳排布在大窗户下，其绿色软垫让人想到建筑师赫克托·基马尔在新艺术运动中设计的巴黎地铁入口处的管道。另外，长凳与专门设计的粉色水磨石台面桌子完美搭配。

除家具外，该团队还设计了一系列定制的灯具，用于照亮、分隔和装饰整个室内空间。沿餐馆座位墙一侧，以双弓形黄铜管为主体的灯具隐含地划分了就餐区，通过拱形杆和球形灯罩创造出有节奏的视觉隔断。设计团队还与插画师合作，创作原创艺术品，并将其作为独家系列装饰悬挂在餐馆内部，捕捉丁利地区典型乡村生活的文化精神，这也与以回归传统的设计相吻合。

"丁利是地中海和马耳他地区慢节奏
生活方式的代表，"设计团队主管在
描述餐馆设计时曾这样说，"在独特
的村庄环境中工作赋予我们足够的灵
感，我们深受大自然的影响，并清楚
知道建筑如何与自然环境和谐共处。
我们将 BARBAJEAN 餐馆设想成一
个起始站或终点站，展现这里的美丽
风景，并使其成为马耳他乡村生活体
验的核心，让人们有机会停下来，或
思考，或欣赏周围的美景。"

"这个项目让我们有机会创造一种全新的、独特的设计语言，一种能够完全代表这个特定地点及其身份的东西。 我们非常兴奋，BARBAJEAN 餐馆向公众开放，并且迅速成为这里备受欢迎的餐馆之一。"

厨师兼老板表示："设计团队从我们最早的讨论中了解了 BARBAJEAN 餐馆的精神。 他们对细节的关注、对材料的热爱和对工艺的浓厚兴趣与我对一家多功能餐厅的独特愿景相吻合。 我想创建一个美食目的地——一个将传统的自豪感与现代设计的新鲜感结合在一起的地方，为食客提供更高层次的体验。 Mizzi 工作室完全满足了这些要求。"

"食也作为一个新的日料文化品牌，其设计根植于当下文化，旨在向大家传递一种年轻时尚的潮流日料理念。"

食也

**项目地点：**
上海嘉兴八佰伴商城负一层
**设计时间：**
2019 年
**设计机构：**
上海或者设计
**摄影版权：**
上海或者设计

食也位于上海嘉兴八佰伴商城负一层，是一家专注日料套餐的小店。怎样从鳞次栉比的餐馆中脱颖而出，博得来来往往食客们的注意，是品牌需要突破的重点。

在大众的印象里，日料店往往被打上强烈的风格烙印，设计师想打破既往的风格桎梏，在保留日料空间特色的基础上融入新的元素。日本料理不是只有传统的形象，它可以表现当下的时代感。

在空间构成中保留传统曲径通幽的日式禅意，同时运用很多街头潮流的元素，比如杂乱无章的贴纸、金属瓦楞板、霓虹灯等。在传统空间构架上，披上一套"新"的外衣，是一种对传统的挑战，也是一种新的融合。

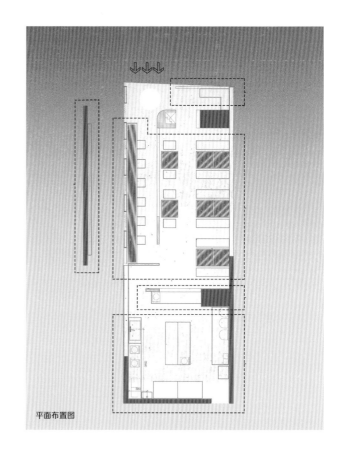

平面布置图

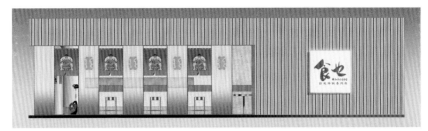

食也门头插画

轴测空间功能分析图

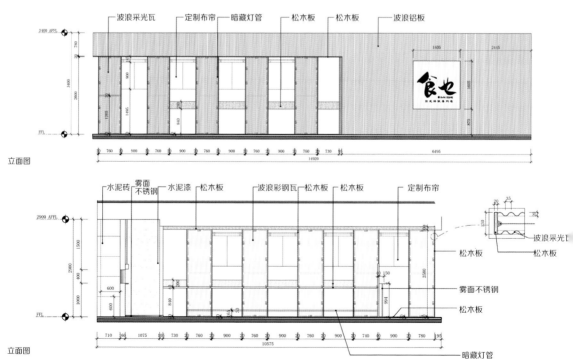

波浪采光瓦　　定制布帘　暗藏灯管　　松木板　　松木板　　　波浪铝板

3400 AFEL
780
3400
2600
FFL

760　500　760　900　760　900　760　900　760　730　6495
14920

立面图

水泥砖　雾面　水泥漆　松木板　　波浪彩钢瓦　松木板　松木板　　定制布帘
　　　不锈钢

2900 AFEL
1500
2900
400
1000
FFL

波浪采光瓦
松木板
松木板

雾面不锈钢
松木板

710　1075　730　760　900　760　900　760　900　740　900　780
10575

立面图

暗藏灯管

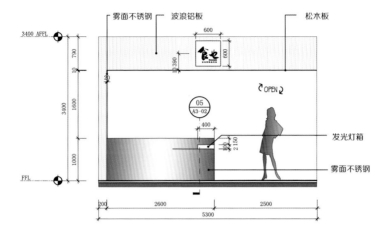

雾面不锈钢　波浪铝板　　　　松木板

3400 AFFL

OPEN

05
A3-02

发光灯箱

雾面不锈钢

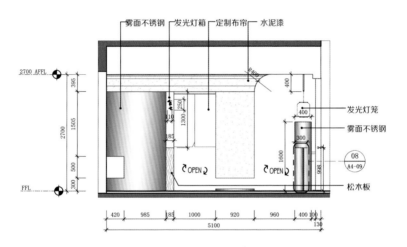

雾面不锈钢　发光灯箱　定制布帘　水泥漆

2700 AFFL

OPEN

OPEN

发光灯笼

雾面不锈钢

08
A4-09

松木板

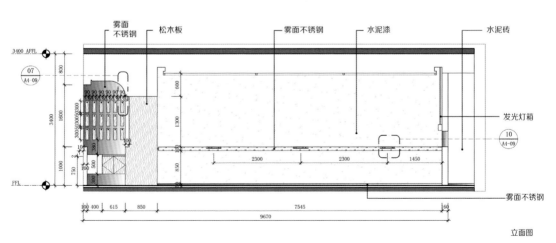

雾面
不锈钢　松木板　　　雾面不锈钢　　水泥漆　　　　水泥砖

3400 AFFL

07
A4-09

发光灯箱

10
A4-09

雾面不锈钢

立面图

"当你有机会品尝全世界美食的时候，为什么还单单局限于一种呢。看，这些裹着肉串的炸玉米饼就很美味吧！快来试试吧！"

# *86m²*

## 冲浪者小餐馆

**项目地点：**

希腊塞萨洛尼基 skra 广场 8 号

**设计时间：**

2021 年

**设计机构：**

Studio materiality 工作室

**摄影版权：**

安东尼斯·萨里斯

设计团队采用休闲快餐馆的理念对其进行打造，并与艺术性完美融合。经典的美式餐厅外观营造独特的氛围感，黄色、蓝色、粉色及红色组合的色调带来清新的现代风格，涂鸦字体增添了一丝叛逆不羁的气息，吸引着顾客的到来。

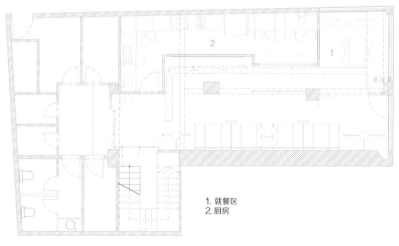

1. 就餐区
2. 厨房

平面图

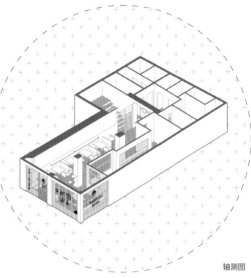

轴测图

建筑立面上的霓虹灯标牌与宽敞的大窗进一步加强了餐馆与街道的联系。同时，
木质柜台的设计体现了餐馆的休闲风格。各种品牌元素被运用到每个部分，如
流行的面具标志被用于食品包装。

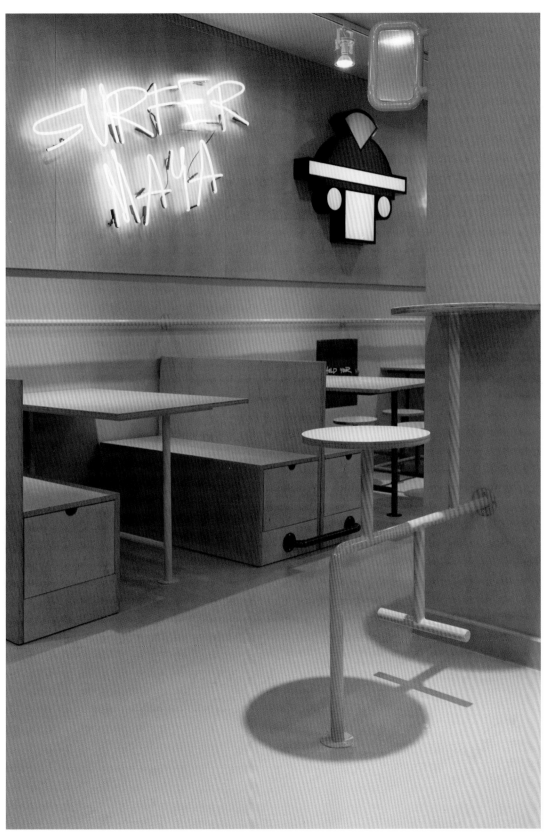

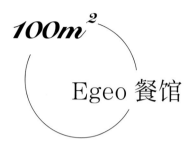

# Egeo 餐馆

**项目地点：**

西班牙瓦伦西亚阿左林文学大街

**设计时间：**

2022 年

**设计机构：**

Masquespacio 设计公司

**摄影版权：**

塞巴斯蒂安·埃拉斯

1. 就餐区
2. 点餐区
3. 长桌就餐区

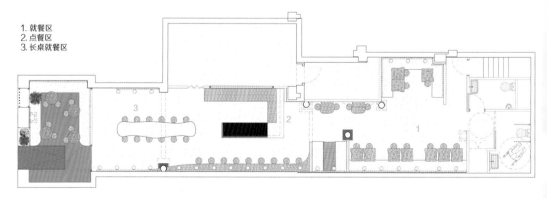

平面图

Masquespacio 设计公司总监曾谈道："当店主找到我们说想要在瓦伦西亚开一家 Egeo 餐馆时，我们是非常开心的。随后我们共同决定延续餐馆固有的希腊风情，同时尽情呈现其自身具备的历史底蕴。"

店主不希望在原有的风格上做出太大的改变，而这对于设计师来说是一个较大的挑战——如何在保持其固有的简约希腊风格的基础上提供完全不同的空间体验。

设计师保留餐馆固有的白蓝配色方案，同时引入更能彰显希腊建筑特征的水泥材质，旨在打造纯粹的希腊风格。在墙壁上半部分专门打造多样的造型结构，构成空间的主要特色。当然，最引人注目的当属一系列希腊柱式结构，全部采用蓝色饰面。

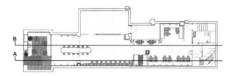

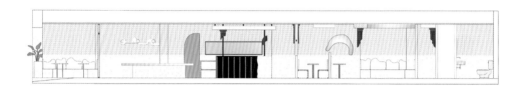

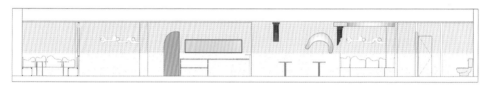

剖面图

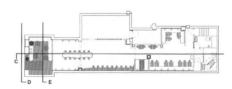

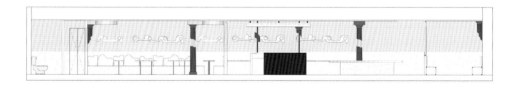

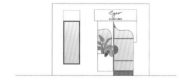

剖面图

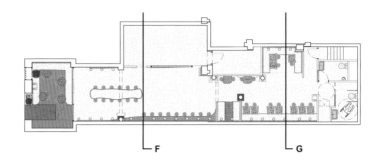

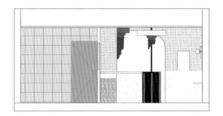

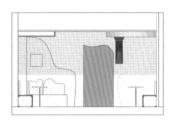

剖面图

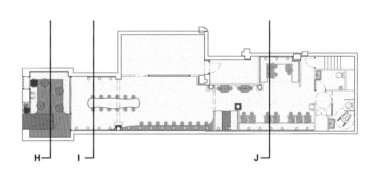

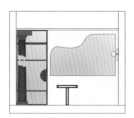

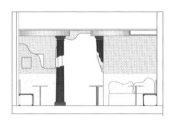

剖面图

引入柱式结构需要注意的问题是如何将传统元素进行现代化的诠释，从而呈现出餐馆自身的特色。首先，设计师依然选用白蓝色调；其次，充分借助 3D 打印技术；再次，在柱子内部嵌入 LED 照明。设计师用典型的色彩配以现代化的技术，自然而然地打造出现代风格的元素。

最后需要提到但也非常重要的一点是，设计师将点餐台置于空间正中央，旨在营造希腊街头那种欢快而热闹的就餐体验，让食客感觉仿佛置身于市场上移动的小摊贩前，点一份自己最爱的食物，尽情享受愉快的时光。

"创造独特的空间氛围是我们在设计过程中一直追寻的理念。我们坚信偶然选择或追随潮流并不是最重要的，探索与之相关的一切可能性才是重中之重。这是我们的工作方式以及我们看待世界的方式。"

# arauco 餐馆

**项目地点：**

巴西里贝朗普雷图卡洛斯 · 康索尼大街 60 号

**设计时间：**

2019 年

**设计机构：**

PAR 设计公司

**摄影版权：**

丹尼尔森 · 马卡多、古斯塔夫 · 塞梅吉妮

鉴于 arauco 餐馆处于一个较为独特的背景环境中，设计师希望为顾客提供的不仅仅是美景和美食，更多的是让他们能够拥有沉浸式的体验，包括视觉以及情感上的。在整个设计过程中，他们运用了多种元素，旨在更好地诠释他们的理念。

这里原是一栋老房子，室内空间工整而简洁。改造之后，设计师通过运用不同的家具将整体分隔开来，并赋予每个区域——入口、休息区、吧台和就餐区，不同的个性。空间原有的粗犷风格被保留下来，自然光线也得以充分运用。窗帘被用作分隔结构，将室内空间与室外花园完美融合，营造出舒适而温馨的氛围。

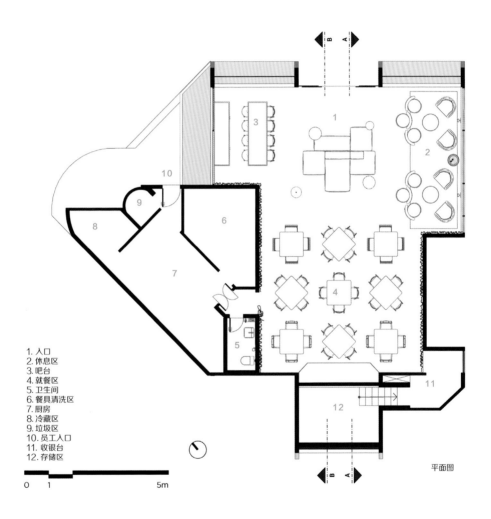

1. 入口
2. 休息区
3. 吧台
4. 就餐区
5. 卫生间
6. 餐具清洗区
7. 厨房
8. 冷藏区
9. 垃圾区
10. 员工入口
11. 收银台
12. 存储区

0  1                    5m

平面图

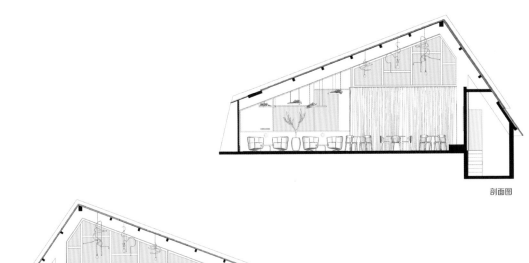

剖面图

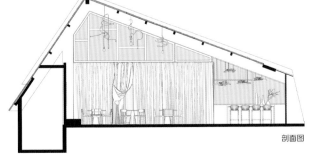

剖面图

餐桌上方悬挂专门设计的灯具，如同
装置艺术一般引人注目。在同一轴线
上挂置一面镜子，让人可以从不同的
角度来欣赏空间。设计师还在休息区
布置秋千，为无聊的等待时光添趣
味。用粉红盐填充的吧台表面以其与
众不同的质感和美感给人带来独特的
感官体验。

用黏土容器制成的桌角是整体设计中
的一大亮点，既突出细节，又吸引顾
客的注意力，体现出享受品质生活的
独特理念。

洗手盘的设计同样与众不同，其可作
为一个与整体环境相得益彰的独立元
素。全白的色调更显清新，也更引人
注目。

"春风贵如客，一到便繁华"，这是种春风在北京的第三家店，餐厅主理人是青年演员田树，他对美食的追求接近极致，每一道菜都是自己亲自带团队研发并命名的，全过程精细化制作，从食材严选到味道调制，菜品搭配、味道都极具美学价值。

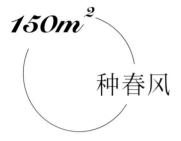

$150m^2$

## 种春风

**项目地点：**
中国北京大悦城 7 层
**设计时间：**
2021 年
**设计机构：**
力场（北京）建筑设计
**设计团队：**
安兆学 陆继铭、闫新秀、董庆鑫、杨树军、李冰、王琳
**摄影版权：**
图派摄影

场地处于商场7层最南端，空间相对隐蔽，走廊周边的装饰属于传统的徽派建筑风格。材料绝大多数是白墙、木头、灰瓦、深灰砖，中国传统建筑符号化显著，灯光昏暗给人以强烈的"重"和压抑之感。设计师与业主经过多次探讨后一致同意，改造后的用餐环境氛围应该是欢快愉悦的、自然的、阳光的、现代的、"轻"的、具有东方美学的，区别于周边环境"重"的氛围。

## 挑战

外立面形式及材质挑战了商场既定风格,如何继续?空间顶部 30 个铝板井字格仅厚 4mm,如何安装能做到平直?如何营造"内庭院式的"用餐氛围?空间内部与外部的概念切换是否能被接受?如何理解并适当体现东方美学氛围?

## 力场

由于场地处于走廊一侧,走廊属于整体大环境的外部,用餐空间属于内部,设计师将这两个空间概念做了置换,于是对外立面弧形热弯玻璃的方向做了调整,即热弯玻璃弧面凸起的部分朝向内部,弧面凹进去的部分朝外部(通常热弯玻璃作为建筑外立面的弧面凸起部分,是朝向建筑的外部环境的)。一经调换,内外空间进行了转化,现在的用餐空间变成了外部(内庭院),顶部上方井字格模拟自然光,自然光照亮下方中岛景观池,景观池内有绿植、石头、小石子等自然元素,餐桌有机镶嵌于中岛一周,营造自然光下的用餐体验。设计师将中部采光井字格微微向上提升一定高度,四周会形成四个倾斜面作为屋檐,屋檐下方四周设置座位,营造庭院中、屋檐下的用餐氛围,整个空间由四面向中岛及井字格汇聚,聚合成以中岛景观、自然光为核心的内庭院用餐空间。

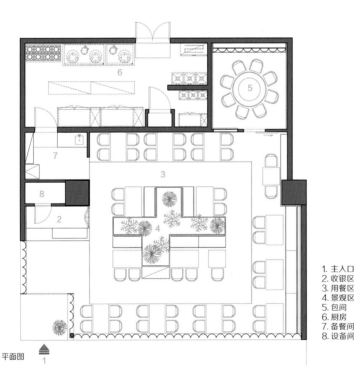

1. 主入口
2. 收银区
3. 用餐区
4. 景观区
5. 包间
6. 厨房
7. 备餐间
8. 设备间

平面图

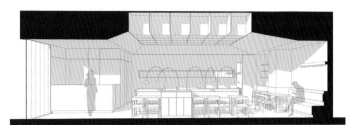

剖面图

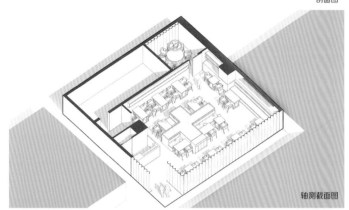

轴测截面图

2 小餐馆充分利用空间的技巧

小餐馆要充分利用空间，设计好布局，避免因面积限制带来的弊端。设计师以及店主可以通过以下技巧对小餐馆自身的特点进行调整，进而打造出舒适的就餐空间与宜人的餐饮氛围。

## 选择合理的功能分区

餐馆布局与空间的大小有一定的规律可循，虽受限于面积，但可以从功能分区入手。例如，将厨房与就餐区合并，或选用隔断，既保证私密性，又可作为装饰。总之，只要把握好规律，尽量避免室内出现死角，就能够提升空间的利用率。

隔断可选用隔板、屏风、置物架以及悬挂型软隔断，其用途和功能各具特色，使用时需根据实际情况选择。例如，单调的整面隔板虽能保障隐私，但会占用过多空间。如果餐馆空间小，可选择带有镂空的轻巧隔板，既能节约面积，能在视觉上提升艺术美感。屏风通常用于中式或日式风格的小餐馆中，值得注意的是，传统屏风往往不适合小餐馆，而现代风格的

可移动轻薄屏风适合，如全木质、铁质或半透明的折叠屏等。在客人需要时，起到保护隐私、增强美感的作用，平时可以折叠收起，打造开放式就餐区。置物架增添了收纳和装饰功能，能够帮助食客存放随身物品，烘托就餐气氛。悬挂型软隔断可选用布帘、纱帘等，但要考虑清洁度问题。便于清洗的珠帘不失为一个较好的选择，占地面积少，还能营造出梦幻的就餐氛围，可以说是在同类型隔断中性价比较高的。（图1~图3）

图1

图2

图3

**选用简约风格的桌椅**

小餐馆内尽量避免使用太多的繁复摆设，尽量运用简单、低矮的桌椅，以充分利用有限的空间。另外，放置桌椅时要注意通道位置，做到整齐划一，让空间在视觉上得以延伸。（图4~图6）

图5

图4

图6

**利用窗户和镜面拉伸空间视觉**

通过窗户线条可以拉伸室内空间视觉，如大幅的透明玻璃窗，能够引入充足的自然光线，从而让空间看起来更加开阔明亮。小餐馆内墙壁上可以尝试安装一面大镜子，在暖色灯光的映照下，光感柔和舒适，还会使内部更加通透。另外，极具艺术气息的镜面能够与空间整体完美融合，不仅在视觉上放大空间，更能彰显出小餐馆的艺术气质。（图7~图8）

**巧用色彩搭配**

在颜色使用上小餐馆空间尽量避免采用深沉压抑的色调，选择浅色作为主色调。这里需要指出的是，简约的色彩并不代表寡淡，例如，温馨的黄色大理石瓷砖和雅致的灰色墙壁搭配，摒弃了繁复的装饰，但却清新淡雅，既能营造出视觉上的统一性，又增强了空间的连贯性和延伸性。（图9）

图7

图8

图9

"小餐馆的独特之处在于在有限的空间内合理地排布了所有功能区，如供三位大厨同时使用的开放式厨房，现代风格的瓷砖浴室、就餐区、员工区及储藏室等。"

# *2 2m²*

# ABU GOSH 餐馆

**项目地点：**

俄罗斯莫斯科 Sivtsev Vrajek 巷 42 号

**设计时间：**

2019 年

**设计机构：**

SHOO 设计工作室

**摄影版权：**

柏林娜 · 波鲁齐纳

餐馆由一座建于 1911 年的小亭子改造而来，带有室外庭院，四周环绕着郁郁葱葱的绿植。这里主营纯正的中东特色美食，整体设计以街边小吃店风格为主。

原有建筑外墙经过翻修之后，焕然一新，修葺的屋顶和通风系统清晰可见。步入餐馆，即刻见到开放式厨房、舒适的座区、杂志收纳区和复古风格直饮机。中央区布置着大餐桌，专为朋友聚会而打造；窗台区设置带有抱枕的落地座椅，营造出休闲氛围。临近入口处摆放着一个柜子，用于展示中东特色物品。厨房柜台采用手工瓷砖打造，格外精美，当然在这里还可以看到美味食物的烹饪过程。此外，设计师选用了 20 世纪 50 年代的复古风格吊灯，散发出温馨柔和的光线，为空间增添了舒适的气息。

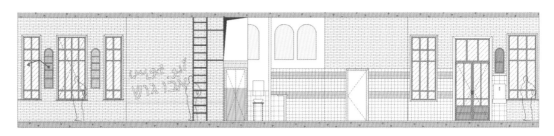

店面

1. 就餐区
2. 厨房
3. 卫生间

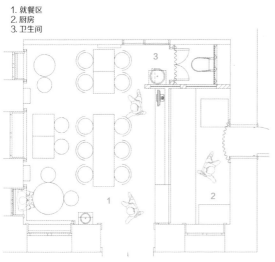

平面图

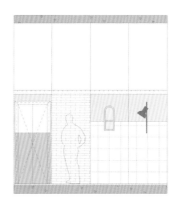

剖面图

家具完美融入餐馆内，成为其间的一部分，橡木餐桌、彩色座椅、窗台、拱形架子、复古直饮机，所有这些都会给食客带来惊喜，享受在这里的愉悦时光。

原有展厅空间的高举架结构被保留下来，使得空间开阔而明亮。内部以亮色为主，并增添了蓝色、粉色和黄色作为点缀色，与古老的墙壁和手工瓷砖装饰相互衬托。所有这些元素都赋予空间新鲜感和轻盈感。经过修缮的窗户采用与众不同的古老图案进行装饰，既引人注目，又能让更多的光线照射进来。

"这是一个与众不同的就餐场所，以丰富的设计和美食为灵感，打造了一个纯正的希腊美食体验馆。"

## 38m²

## Vasilikos 希腊美食小馆

**项目地点：**
希腊拉里萨

**设计时间：**
2020 年

**设计团队：**
狄奥多斯·安哲罗普洛斯、狄奥多拉·萨特萨基

**摄影版权：**
光屋工作室

2017 年，设计团队完成了位于法萨拉市的第一家 Vasilikos 餐馆的翻新工程。3 年之后，他们接手了位于拉里萨那不勒斯广场中心的第二家 Vasilikos 餐馆的设计和改造工作。

设计师优先考虑空间布局、功能性及多样性问题，以便满足不同时期的需求。独特的皮质沙发占据了餐馆左侧空间，方便分隔或拼合桌子，同时又能确保整体的优雅性。开放式厨房采用可移动的不透明隔板隔开，根据不同场合需求适当改善空间结构。

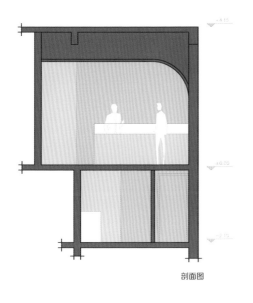

剖面图

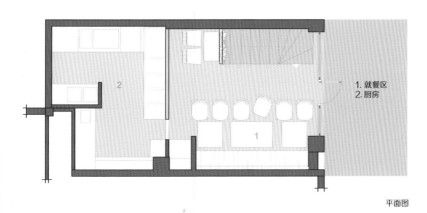

1. 就餐区
2. 厨房

平面图

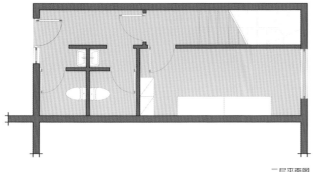

二层平面图

设计师运用了大量的色彩和材料，打造了一个低调内敛但不失奢华的休闲氛围。以稻草为原料制成的特殊饰面材料与古典风格的半圆形青铜吊灯让人不禁联想到古希腊厨房中的原料和餐具。座区上方的木装饰结构在灯光的照射下反射出点点光影，增添了温馨的气息。地面采用黑色涂料饰面，与黑色金属桌子相得益彰。

"芬奇寿司吧位于巴勒莫马西莫剧院附近的一座历史建筑内,这里以都市风格与简约风格相结合的独特氛围而著称"。

# 芬奇寿司吧

**项目地点:**

意大利巴勒莫威尔第广场

**设计时间:**

2021 年

**设计机构:**

Didea 设计工作室

**摄影版权:**

塞丽娜·埃勒

芬奇寿司吧由原有的洗衣房改造而来。从平面布局来看，将其改造成餐厅有着很大的难度，为此设计师决定将空间重新分割成3个结构，每个仅有几平方米，分别用作餐吧、带洗手间的厨房和供顾客使用的卫生间。值得提到的一点是，面向街道的大窗户被保留下来，旨在为室内引入充足的自然光。

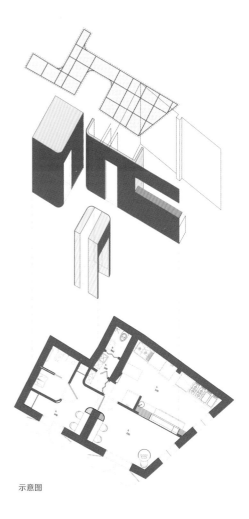

示意图

设计师在墙壁油漆、石膏覆层、天花板上的黑色金属网格和储物柜等深色材质的基础上增添了格外引人瞩目的红色霓虹灯，其目的是营造极具现代感的氛围。此外，地板采用浅色混凝土打造，与厨房、卫生间和用餐区中的深黑色墙壁形成鲜明对比。

用餐吧台和面向街道的拱门以天然黑铁打造，同时厨房、卫生间和休息区墙壁上也使用了黑色的瓷砖。红色瓷砖的加入赋予空间足够的特色，并与天花板上霓虹灯的色彩形成呼应。

霓虹灯作为真正的主角，赋予空间统一的氛围，同时清晰地标示出品牌名称。独特的照明系统的设计使空间脱颖而出，回应了当地的都市美学风格。

红色金属管制成的座椅和凳子在室内营造出户外风格，传递出独特的设计概念，即餐馆可以作为厨房和城市之间的过渡，在十分有限的空间内凝聚热烈的氛围。

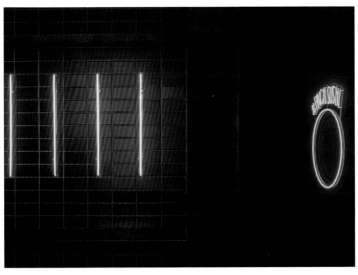

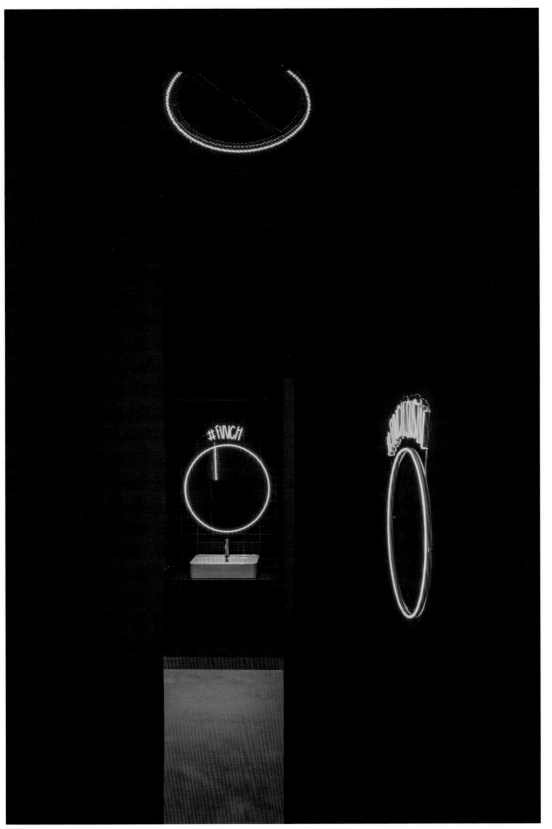

"在这个快节奏的时代中，希望每一个进入店里的顾客都能有愉快的心情，和不一样的用餐体验。在带给顾客全方位享受美食的良好体验的同时，构建一体化的活力空间，并展现独特的设计理念。在紧凑的空间中最大限度表达出简洁明快的风格，并体现出独具现代气息的新风尚，是本次设计需要探讨的新课题。"

# LIM PIZZA 苏州店

**项目地点：**
江苏省苏州市虎丘区绿宝广场步行街
**设计时间：**
2021 年
**设计机构：**
平介设计
**设计团队：**
李文靖、吴子君、陈磊、杨楠
**摄影版权：**
徐英达

LIM PIZZA 苏州店位于苏州市虎丘区绿宝广场步行街，这个项目的选址是一个仅有 64m$^2$ 的正方形场地，在满足功能属性的前提下，糅合了超前与务实的理念，给予店铺建筑美感，将空间使用面积最大化的同时增加空间趣味性，营造出丰沛的新生活力空间。

外立面简单翻折的一角和立面三角体量的形体都是在回应主题。门头的翻折作为线索让人联想到盒子这种比较具象的物体，激发人们的探索欲望，人们进到空间中，会有更多的探索和更丰富的空间体验。立面重复阵列的三角形体配合顶面的镜面铝板拉伸空间，用强烈的包裹感来隔绝外界的喧哗，让在空间中的使用者能获得更多的正面情绪。

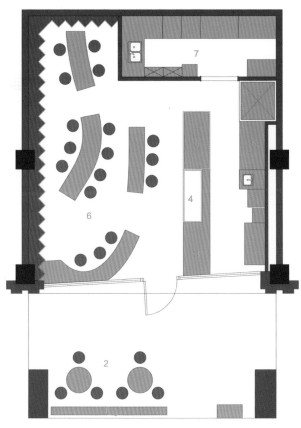

项目在空间布局上，将空间简洁明快地划分为几个大的区域，门窗用了原商铺的遗留，在契合空间基调的同时最大限度地发挥其对外的开放性特质。用餐区在保证使用和舒适的基础上，用不规则的曲线餐桌搭配高低不同的同色系透明家具，增加空间的层次，给食客更丰富的空间体验。操作区和点餐区则设计为一体式的状态，使界面更加整体和协调。因为要有精酿，再加上各种设备的外露，所以在整体调性上加入了许多的金属元素来演绎比萨与啤酒饮品的组合。

1. 标牌
2. 室外就餐区
3. 收银台
4. 陈列区
5. 控制面板
6. 就餐区
7. 厨房

平面图

轴测图

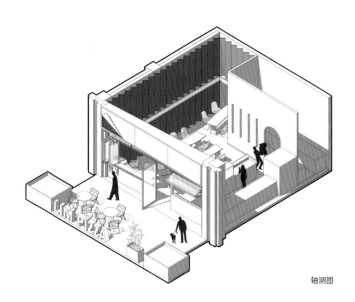

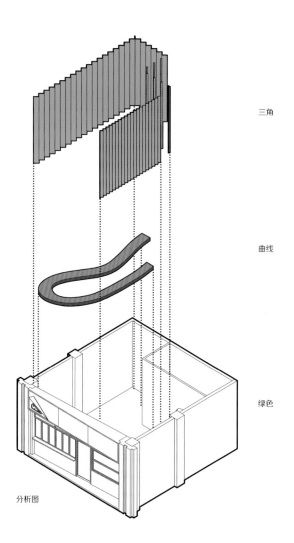

三角

曲线

绿色

分析图

### 为什么是绿色

绿色往往能给人以清新、自然、宁静、青春、放松等一系列的正面情绪，符合 LIM PIZZA 的品牌颜色和空间的设计主题，通过绿色的空间与比萨给人的感觉发生碰撞感，意味着美味与自然的碰撞，以绿色为主配合灯光使空间具有较强的表现力及张力。

### 为什么是三角

不论是比萨的包装还是比萨本身，都与三角分不开，传统的比萨盒因为要让大块的比萨在运送中不发生形变，往往会选择瓦楞纸板结构的盒子来装送，即很多三角形态的波浪造型构成。比萨本身自不必说，一块完整的圆形比萨会切割为一个个漂亮的三角。

### 为什么是不规则的曲线

设计师希望在这个有限和规则的空间里带给人们一些不一样的体验。这条在空间中扭动的曲线就承担着这个任务，它打破了空间原本的沉闷，在不影响人们使用的基础上或多或少地改变了人们在空间中的动线与行为，配合高低不同的家具，使人们在这个空间中能有更丰富的体验。曲线在空间中的流动和触碰到边缘后的转折，也可以理解为比萨在盒子里散发着的香气。

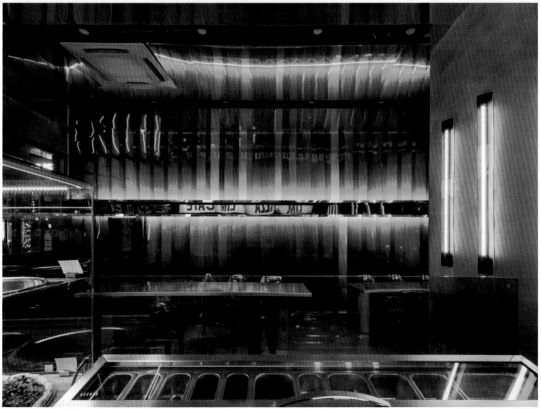

# La Hermosa 餐馆

**项目地点:**

西班牙桑坦德 Tetuan 大街

**设计时间:**

2019 年

**设计机构:**

ZOOCO 设计工作室

**摄影版权:**

Subliminal 摄影公司

餐馆位于桑坦德 Tetuan 大街，这里是全市较多的美食活动的主要场所之一，拥有许多传统的海鲜餐厅。餐馆面积不大，位于东西两侧是封闭实墙的建筑中。北侧立面是餐厅入口，南立面面向庭院。

大型吧台位于餐馆中央，不仅是空间的主要元素，也是这里的运营核心。墙面选用两种颜色——灰色瓷地板延伸到垂直墙面，在整个空间形成墙裙，而其余的墙体和天花选择白色材料，追求中性、明亮和基本的实用性。

木条板组成等距的纵向平行线状装饰，这些"线"不断地穿过墙面和天花，统一了整个矩形空间。为了解决不同的功能需求，"线"在诸如长椅、高桌、存储区和酒架等地方被打断。它们不仅整合了各种元素，也塑造了空间。根据人们所处的位置不同，产生多样的视角和框架重叠的效果。

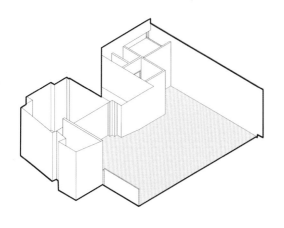
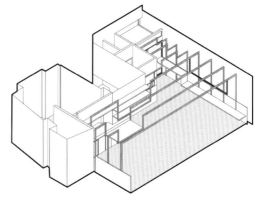

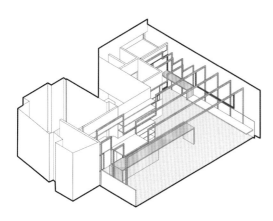
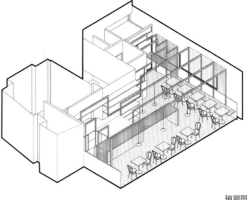

轴测图

在线状木条的装饰下，金属、木材、照明等元素的搭配加强了由重叠木条板创造出几何空间的趣味性。

仅在立面、厨房和卫生间等特定的地方，瓷砖才变得鲜艳和突出，与榉木、灰色陶瓷和淳朴的白色墙体组合产生的中性、冷静氛围形成对比。

# DARIA 小餐馆

**项目地点：**

西班牙马德里老街

**设计时间：**

2018 年

**设计机构：**

ZOOCO 设计工作室

**摄影版权：**

Imagen Subliminal 摄影

DARIA 小餐馆位于城市一个古老街区内，这里在很早之前曾是一家鱼店，经历过无数次的翻修。这一项目的首要目标是将墙面、地面等空间内所有表面元素全部清除，让空间恢复到最初的模样——以砖石墙壁、橡木横梁及灰泥拱顶的框架诠释出空间的本质。

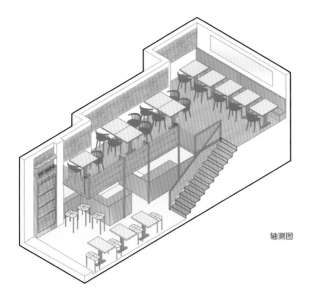

轴测图

设计师以此为基础重新规划空间布局，一层主要包括厨房、吧台以及卫生间等服务区域，二层主要用作就餐区。这一工程大量运用了钢材质，造型根据空间功能的不同而略有变化。

为营造空间的统一感，设计师专门制作了金属珠帘悬挂在砖石墙壁上。两种材质形成了有趣的对话，也清晰地揭示了两个不同施工阶段的时代特征。

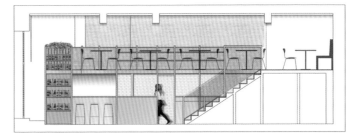

剖面图

"休闲快餐在约什卡尔奥拉城是一种全新的形式——在有限的空间内摆放着高脚桌椅，较少的服务员，更便捷的服务，这一切都是新奇的。新鲜的菜肴直接从厨房到餐桌，整个烹饪过程展现在食客面前。"

# $96m^2$

## SHAVI 小餐馆

**项目地点：**

俄罗斯约什卡尔奥拉城

**设计时间：**

2020 年

**设计机构：**

SHOO 设计工作室

**摄影版权：**

柏林娜·波鲁齐纳

1. 酒吧区
2. 正餐区
3. 长桌区
4. 厨房

平面图

客户的理念是以"休闲快餐"的形式打造格鲁吉亚风格小餐馆，恰好设计师选用格鲁吉亚艺术和现代工业风为灵感。"在约什卡尔奥拉城打造这样一个项目，对于我们来说是全新的挑战，但值得庆贺的是客户对我们的设计欣然接受"，设计团队解释道。

整个空间划分成三个功能区。入口处是酒吧区，供应开胃菜和小吃；正餐吧采用玻璃隔板隔开，配备舒适的沙发座椅和餐桌；长桌区专为朋友聚餐而设计，这里还可举办关于格鲁吉亚艺术和建筑相关的讲座。此外，墙面安装了专业的照明系统，供举办展览使用。此外，设计师专门打造了开放式厨房，食客可以在这里购买格鲁吉亚特产。

Shavi 意指黑色，是时尚界流行的颜色。为此，设计师从格鲁吉亚设计师打造
的高级时装系列中汲取灵感，创造了不同的装饰元素，如菜单上的图案。餐桌
的形状则受到格鲁吉亚古典建筑的启发。

灯具模型图                 桌子模型图

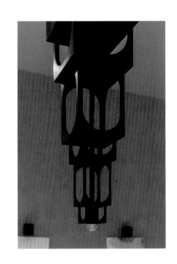

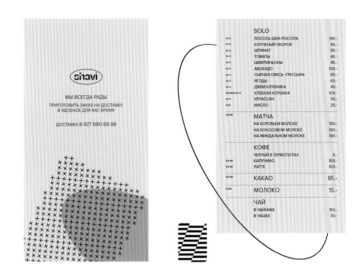

空间内的所有细节，包括色彩、纹理和图案都印刻着格鲁吉亚特有的艺术风格——自然暖色的饰面材质，深绿色的装饰、光滑的家具、粗粝的墙面、质感十足的水磨石、独特的线条、生机盎然的绿植共同营造出一个舒适而充满体验感的就餐场所。

"基于品牌理念，设计师在空间的划分上，抛开以往街铺内部密集且嘈杂的用餐环境，选择以半围合的盒子为主体，插入空间的各个角落，形成各个相对互不干扰的氛围，打造沉浸式的用餐空间，力求把白木炭的品牌理念贯彻且升华。"

# 105m²

## 白木炭烧烤料理

**项目地点：**
广州海珠智汇科技园一层

**设计时间：**
2020 年

**设计机构：**
深点设计

**设计团队：**
郑小馆、黄炳森、陈槿珊、杨子友

**摄影版权：**
深点设计

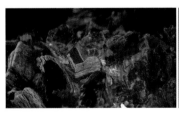

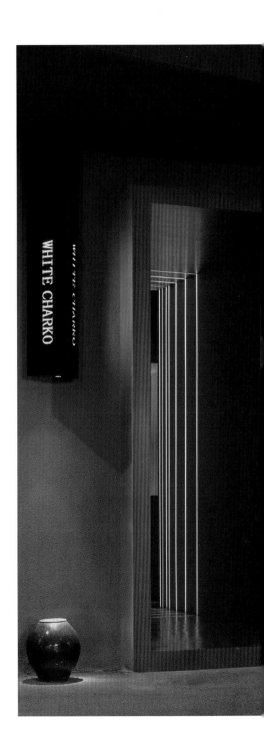

项目位于广州海珠智汇科技园一层商铺，白木炭立志将烧烤和料理概念融合，以新鲜的选材和原汁原味的烹饪、特制的酱汁，最大限度地体现食材本身的鲜味及口感，带给人们对广式烧烤的全新体验。

简洁的外立面在灯红酒绿的商业街显得格外低调，采用瓷化漆喷涂的灰色素净的店面，与火红色的入门通道内部形成鲜明对比，往外突出的通透盒子承担了部分展示功能。

设计师把通道比作一块烧红木炭的内部，由灰到红到白的变化，从材质、尺度、灯光上进行呈现，让每位进来的顾客能先通过这道入门仪式，拉开全新味觉体验的帷幕。

3.1m 高的入门通道内部四面皆由火红色瓷化漆喷涂，设计师在墙上开设了可观察烧烤过程的隔热玻璃窗，以促进来客的好奇心和食欲。另外通道顶部一圈圈由红渐变到白的灯光便尤为夺目。

**静**

以"静"制动，悠然自得。

由灰色瓷化漆喷涂的木作盒子林立于空间内部，克制的灯光让空间显得安静且格外神秘。盒子形成围合状，穿过火红色通道到静坐于卡座的过程由中心的装置作为过渡，而其上空由数层圆形透明亚克力钢丝绳吊装的装置占据。

一束灯光穿过装置洒落在下方静放着的一口石井上，设计师通过装置与灯光形成的光影，在不大的自流平地面上，做出一种视觉延伸的效果，以此引导人的情绪缓缓平复。

1. 入口
2. 过道
3. 收银台
4. 设备间
5. 就餐区
6. 包间
7. 厨房

1 ▲

平面图

## 浸

沉"浸"其中，尽享美味。

置身于盒子卡座时，可以注意到设计师把灯光设置在只有必要的地方出现，把人的视觉范围凝聚到局部，弱化人来人往的声音，营造出舒适的空间氛围，从而让人沉浸在佳肴与三两好友小聚的乐趣当中。

"设计师从代表地球起源、赋予生命、培育自然的女神——'大地之母'中汲取灵感，赋予新开张的餐馆多种与大地相关的元素，如土壤、石块、矿物，以及经年累月转化而成的有机物质等。"

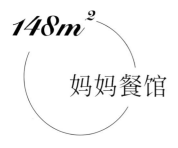

## 妈妈餐馆

**项目地点：**

泰国曼谷三攀他旺区查隆功路 811

**设计时间：**

2021 年

**设计机构：**

品味空间设计有限公司

**摄影版权：**

jinnawat borihankijanan

餐馆位于曼谷名为"Taladnoi"的历史街区上一座两层的小楼中，食客穿过由低调而温暖的泥土色木纹混凝土立面和木框围合成的入口，便进入内部，并在这里开启一场丰盛的美食之旅。

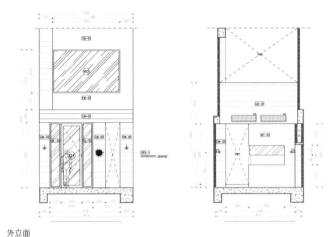

天然木质地板，米白色木纹混凝土墙面，与定制的透明屋顶共同营造了一个明亮而通透的空间，让来到这里的食客瞬间感到舒适与清爽。设计师对内部空间进行改造，利用天花吊板形成随机开口，将自然光线引入室内并带来丰富的光影变化，让人感觉如同坐在林荫之下。

毫无疑问，丰富的食物是餐馆的核心。为此，设计师专门在中央打造了开放式厨房，让食客可以和厨师直接互动，让他们亲眼见证每一道美食的诞生过程。

外立面

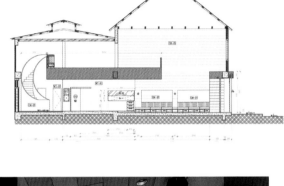

外立面

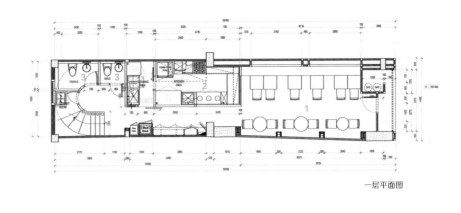

1. 就餐区
2. 厨房
3. 卫生间

一层平面图

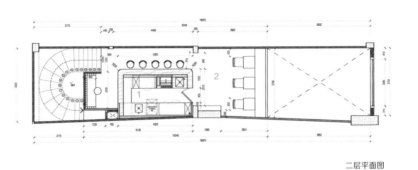

1. 吧台
2. 就餐区

二层平面图

穿过厨房，昏暗的光线将人们的注意力引向二楼。通高的空间赋予两层统一的氛围，但二层相对更加隐蔽而神秘——这里布置着暗色家具，将其作为酒吧使用。吧台后方是一幅名为"四元素"的艺术作品，强调了大地的起源，似乎在隐晦地向人们讲述着餐馆背后的故事。

此外，在二层可以透过立面巨大的窗框看向一棵在这条大街上生长了数十年的大树，如同一件活着的艺术品。这一场景也成了设计师为餐馆创造的标志，表达了其与周边丰富的历史和自然环境共生的理念。

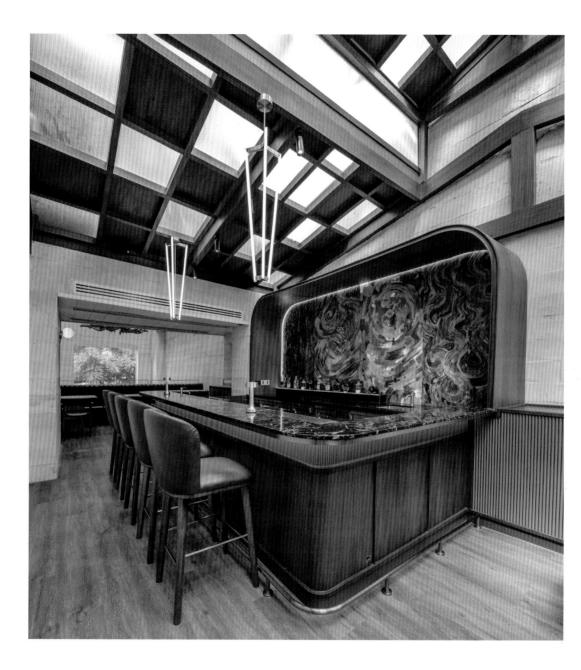

# 150m²

## 巴卡立体验餐馆

**项目地点：**

西班牙瓦伦西亚 Carrer de Xile 大街

**设计时间：**

2021 年

**设计机构：**

Masquespacio 设计公司

**摄影版权：**

塞巴斯蒂安·埃拉斯

这家餐馆如同其名字呈现的一样，是一个提供味觉和视觉感官体验的场所。其设计灵感来自中东，希望将餐点最精髓的部分带给顾客，并使其与未知且充满神秘感的奇妙环境联系起来。

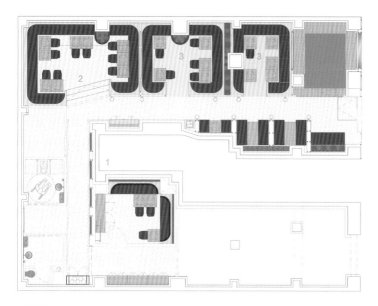

平面图

1. 休息区
2. 就餐区
3. 包间

设计团队通过打造不同区域的布局来呈现整个餐馆空间，创造了多个小角落，犹如梦幻的东方餐厅一样。休息室独特的座位区邀请不同的用餐群体坐下来休憩与交流，并享受创意菜肴。与此同时，食客会惊喜地发现隐藏的其他角落通过阿拉伯建筑风格的不同窗户展露出来。

中央走廊连接入口和厨房，引导食客到达餐馆的不同区域，包括从更私密的双人座位区和多人长椅区，到享有更广阔视野的高平台区。走廊的前半部分使人感觉如同行走在古老房屋的街道上，而后半部分则使人穿过帷幔之间以及帷幔后的包间和卫生间。

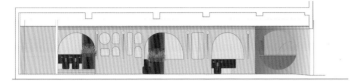

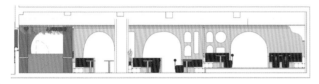

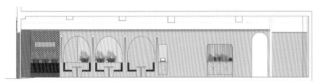
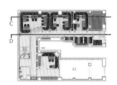

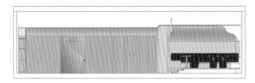

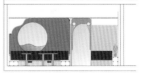

剖面图

餐馆内的造型和材料相互对比——在墙壁、地面和天花上创造出黏土效果。整个设计使用独特的材料，完全由手工制成，如同能够代表这里的老房子的中性但略有对比的色调别具特色。最后不能不提到的是灯光效果，突出了神秘而美丽的东方意蕴。

"在上海市中心一处主打清新食物风格的餐厅，建筑师为其打造了一幅极具趣味性与自然气息的室内空间。"

*185m²*

## 自然系餐厅

**项目地点：**
上海幸福里
**设计时间：**
2021 年
**设计机构：**
上海良机建筑设计有限公司（MAP）、
上海全哉建筑设计
**摄影版权：**
刘松恺

因受内部空间限制，团队将其划分为 3 个区域分别进行设计，旨在让每一处都可拥有与环境匹配的风格与意义。

第一处用餐区则以生活为设计理念，内部设置 3 个大型镜面植物区，真正实现将绿植融入环境的同又呼应清新自然的空间概念。设计中还采用堆叠的手法，将植物区的镜面以直向与横向方式相互叠加，制造丰富的层次感，在不同的视角深度强化周围环境，突出设计中的立体感，同时实现空间最大化，增强顾客体验。

考虑到空间比例问题，设计团队在设计第二处空间时采用细长空间的概念在这样的环境作用下，顾客之间的距离变得相对紧密，但不会因此被局限在一片空间里。玻璃窗设置将厨房内景展示得一览无余，顾客身处空间内即可随时观看到美食出炉的全过程。

第三处空间位于餐厅后部，内部装饰采用一系列与自然主题贴合的合成软木与水磨石，两者相互堆砌的同时完美地将光源隐藏，进一步强化视觉上的空间深度，带来另一种不同的空间体验。

此外，将建筑材料、镜面、木材、软木以及水磨石以直向或横向相互堆砌，在光线穿透镜面时消除镜面的分层，同时增强视觉与空间张力，提升整体氛围感。

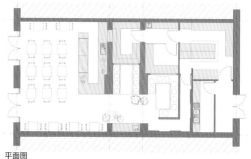

平面图

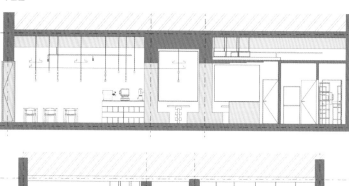

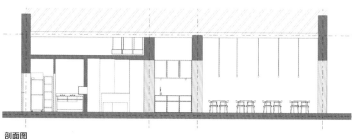

剖面图

# 主要设计机构（设计师）列表

ARQAZ 设计公司
www.arqaz.com

DEFERRARI+MODESTI 设计公司
www.deferrari-modesti.com

Didea 设计工作室
www.studiodidea.it

狄奥多斯·安哲罗普洛斯

狄奥多拉·萨特萨基

EAT 建筑师事务所
www.eatas.com.au

LADO 建筑设计公司
www.lado.pt

力场（北京）建筑设计
www.lichangarchitects.com

Masquespacio 设计公司
www.masquespacio.com

Mizzi 工作室
www.mizzi.co.uk

PAR 设计公司
www.parprojetos.com.br

品味空间设计有限公司
www.tastespace.co

平介设计
www.parallect-design.com

RA! 设计公司
www.raarq.com

Sequeira Dias 设计事务所
www.sequeiradias.com

上海良机建筑设计有限公司（MAP）
florian.mrqt@hotmail.com

上海或者设计
www.ordesign-studio.com

SHOO 设计工作室
www.studioshoo.com

深点设计
www.in-pdd.com

Studio materiality 工作室
www.studiomateriality.com

T-UNOAUNO 设计公司
www.t-unoauno.com

ZOOCO 设计工作室
www.zooco.es

**图书在版编目（CIP）数据**

小空间设计系列．III．小餐馆 / 陈兰编．— 沈阳：
辽宁科学技术出版社，2023.6
ISBN 978-7-5591-2622-1

Ⅰ．①小… Ⅱ．①陈… Ⅲ．①餐馆－室内装饰设计
Ⅳ．① TU247

中国版本图书馆 CIP 数据核字（2022）第 135459 号

出版发行：辽宁科学技术出版社
　　　　　（地址：沈阳市和平区十一纬路 25 号　邮编：110003）
印　刷　者：辽宁新华印务有限公司
经　销　者：各地新华书店
幅面尺寸：170mm×240mm
印　　张：12.5
插　　页：4
字　　数：250 千字
出版时间：2023 年 6 月第 1 版
印刷时间：2023 年 6 月第 1 印刷
责任编辑：鄢　格
封面设计：何　萍
版式设计：何　萍
责任校对：韩欣桐

书　　号：ISBN 978-7-5591-2622-1
定　　价：98.00 元

联系电话：024-23280070
邮购热线：024-23284502